云南城乡建筑钢笔画集锦

云南省住房和城乡建设厅
云南省设计院集团　编

编辑委员会名单

主任(主编):李文冰

副主任(副主编):陈云丰　刘　学　杨　渝

编　委:周建平　邓宏旭　黄　珏　徐　锋　陈宏玲

　　　　肖焕鑫　彭才能　李姚四方　赵冠楠

顾　问:饶维纯　顾奇伟　朱良文

排　版:郭莉莉　杨　蒂　蒋怀林

云南出版集团
云南人民出版社

图书在版编目（CIP）数据

云南城乡建筑钢笔画集锦 / 云南省住房和城乡建设厅, 云南省设计院集团编. — 昆明: 云南人民出版社, 2018.4

ISBN 978-7-222-17189-3

Ⅰ.①云… Ⅱ.①云… ②云… Ⅲ.①建筑画 – 钢笔画 – 作品集 – 中国 – 现代 Ⅳ.①TU204.132

中国版本图书馆CIP数据核字(2018)第073081号

责任编辑：吴　虹
责任校对：刘　娟
装帧设计：杨　蒂
责任印制：马文杰

云南城乡建筑钢笔画集锦

YUNNAN CHENGXIANG JIANZHU GANGBIHUA JIJIN

云南省住房和城乡建设厅
云南省设计院集团　编

出版　云南出版集团　云南人民出版社
发行　云南人民出版社
社址　昆明市环城西路609号
邮编　650034
网址　www.ynpph.com.cn
E-mail　ynrms@sina.com
开本　889×1194mm　1/12
印张　25.33
字数　10 千字
版次　2018年4月第1版第1次印刷
印刷　昆明鹰达印刷有限公司
书号　ISBN 978-7-222-17189-3
印数　1-3000册
定价　360.00元

如有图书质量及相关问题请与我社联系
审校部电话：0871-64164626　印制科电话：0871-64191534

云南人民出版社公众微信号

序
INTRODUCTION

　　春风送爽，万象更新，流光似水，气爽天清。历时8个月之久，《云南城乡建筑钢笔画集锦》终于结集出版了。

　　本书筹备之初，时任云南省副省长刘慧晏同志高度重视，要求更好地突出"云南特色、云南元素"，面向全社会广泛征集能够突出主题，体现全省城乡规划、代表性建筑、特色景观和特色民居的手绘作品，展现多年来云南省城乡规划建筑设计行业成果。

　　柯布西耶曾经说："我希望你们拿起铅笔，去描画一株植物，一片落叶，去表达一棵树的灵魂……去发现那股蕴藏于内的力量连续不断的表达"。虽然如今绝大多数记录都依靠相机，设计表达也多出自计算机绘图，但得益于我国设计教育的发展和传承，广大设计师朋友并没有忘记，手绘仍然是设计中理解及表达基本构成形式最有效的途径。

　　钢笔画通过运笔动作变化来表现对象的力感和美感，通过线条的节奏变化来表现物体的明暗层次与立体感。同时，钢笔画用笔果断，不含犹豫，和设计师严谨明晰的设计精神一脉相承。因此，至今钢笔画仍是设计师朋友们最为喜爱的、也是最普遍被运用的手绘方式。

　　本书投稿者中，除建筑行业从业人员、在校师生外，也不乏热心关注云南省城乡建筑发展的各行各业的普通群众。同时，编辑组也以云南省传统民居、聚落，具有一定代表性的建筑创作为主题，向省内外杰出建筑专家约稿钢笔画，得到了饶维纯、顾奇伟、高冀生、张辉、张军等建筑大师的支持，也得到了王冬、杨大禹、郭伟、唐文、张晓洪、柳军等业内优秀建筑师的积极响应。征集中，共收到作品749幅，经过专家组严格评选，近300幅手绘作品脱颖而出，收录于本书。对广大群众和各位专家的热情支持，在此致以深深的谢意。

　　本书收录的作品题材丰富，既有四合五天井、走马转阁楼，也有家家泉水、户户垂杨，更有玉水纵横、山峦叠翠，充分展现了云南省广阔的秀丽山川，浓郁的民族特色，丰富的地域文化，也从不同角度展现了云南省规划设计行业在省委、省政府的关怀下，贯彻中央和省的城市工作会议精神、提高城乡规划设计建设水平、改善城乡面貌等方面取得的工作成就，可谓是"染水烟光媚，润花雨露浓。漫将斯景概，收拾画图中"。

《云南城乡建筑钢笔画集锦》展示的作品,既是创作者心血的积淀,又是馈赠给云南广大规划设计师们进行创作的宝贵财富。我们的规划师、建筑师要以此为契机,认真贯彻新时期"适用、经济、绿色、美观"的设计方针,继续步步耕耘、下笔不缀。我们共同期待着,在云南这片曼妙的红土地上创作出更多更好,更具备民族特色、地域特性的优秀作品。

最后,感谢每一位为本书出版付出辛劳的工作人员,请让我向编辑委员会成员致以感谢。

2018年1月

目录
CONTENTS

滇东、滇东北

滇西、滇西北

1996.8.11.于凤河南村

22河口古城

滇中

1996.8.11.丽江河畔
云南河古城

老昆明金马坊

老昆明碧鸡坊

手绘作者：蒋 凌

云南大森设计顾问有限公司

手绘地点：昆明

老昆明大观街

手绘地点:昆明

手绘作者:蒋 凌

云南大森设计顾问有限公司

老昆明一颗印民居

手绘作者:蒋 凌

云南大森设计顾问有限公司

手绘地点:昆明

老昆明得胜桥桥头

老昆明大观河上的桥

手绘作者:蒋 凌

云南大森设计顾问有限公司

手绘地点:昆明

老昆明城门

手绘地点:昆明　　　　云南大森设计顾问有限公司

手绘作者:蒋 凌

老昆明一颗印民居

手绘作者：蒋　凌

云南大森设计顾问有限公司

手绘地点：昆明

1997年的光华街

手绘作者:蒋　凌

手绘地点:昆明　　　　　　　　　　　　　　　云南大森设计顾问有限公司

1997年的崇善街

手绘作者：蒋　凌

云南大森设计顾问有限公司

手绘地点：昆明

金马坊

东寺塔

云南艺术剧院

昆明文明街改造规划设计

博物馆构思设计

游泳馆构思设计

某游泳馆构思草图.

手绘作者:饶维纯

云南省设计院集团

手绘地点:昆明

云南省博物馆

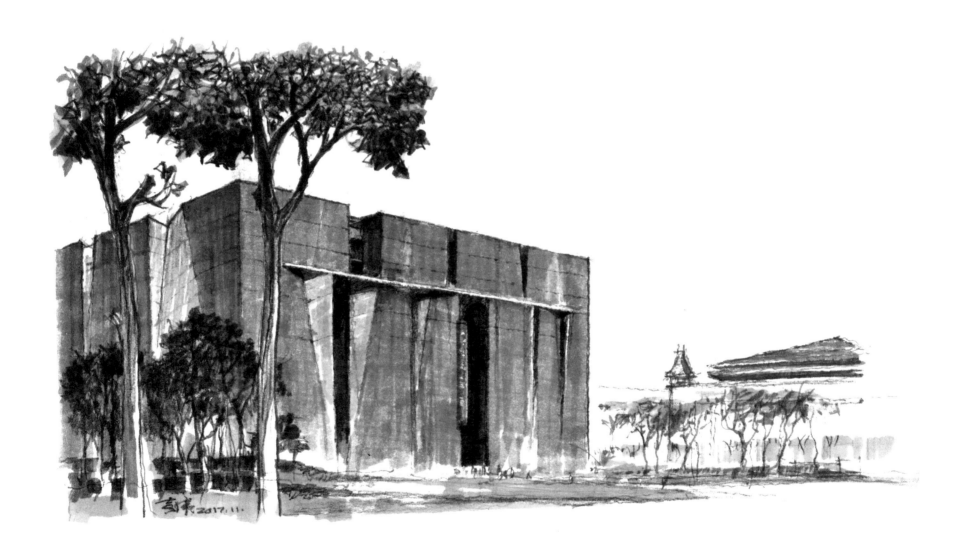

昆明两馆

昆明万达

乃古石林之门设计

手绘作者：顾奇伟

云南省城乡规划设计研究院

手绘地点：昆明石林

昆明长水国际机场

手绘作者：顾奇伟

手绘地点：昆明   云南省城乡规划设计研究院

秀山建筑群

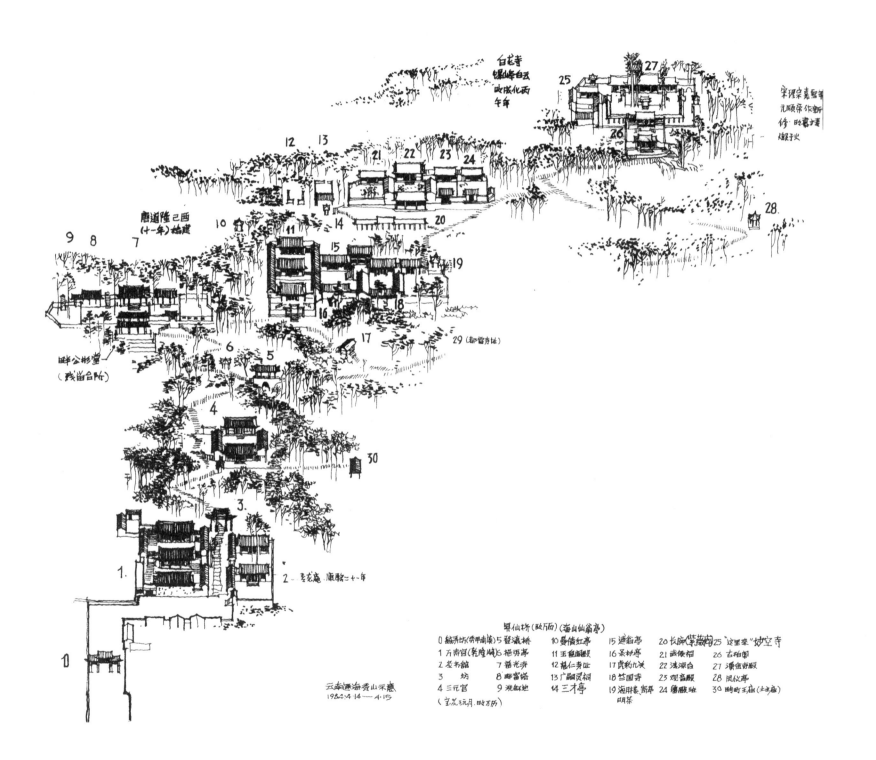

白花寺
镶山等白云
政绕化西
午年

宋建定嘉祭明
元顺年作新
修 眇凤坊
蟆子火

唐道隆己酉
(十一年)始建

毕公彬堂
(残留台阶)

29 (都留寺址)

云南澄海秀山示意
1982.4.14—4.15

升仙桥 (政万历) (海山仙翁亭)

0 斜秀坊 (弟甲南溪) 5 登瀛桥   10 曼情红亭   15 通翁亭   20 长脐(华揭祠) 25 "这里来" 妙空寺
1 万寿宫 (乾隆阁)   6 艳光亭   11 玉皇阁殿   16 桑林亭   21 武侯祠   26 古柏阁
2 竺书馆   7 潜光秀   12 福仁秀业   17 瓷豹九关 22 洗涤台   27 潘鱼奇殿
3   坊   8 毕富馆   13 广嗣灵祠   18 竺国寺   23 观嘉殿   28 凤纹亭
4 三元宫   9 洗创地   14 三才亭   19 海拜楼·弟草 24 蟠螺班   30 畔町玉庙 (土王庙)
                                                     明茶

(采范玩月 政万历)

手绘作者:顾奇伟

云南省城乡规划设计研究院

手绘地点:玉溪

安宁玉龙湾老昆明影视基地

树影摇曳 ·莲花池公园一角

手绘作者:唐 文

手绘地点:昆明

昆明理工大学

抗战胜利纪念堂

云南民族博物馆

昆明市政府

手绘作者：柳　军

深圳市建筑设计研究总院有限公司昆明分公司

手绘地点：昆明

顺城

云南民居 · 门

手绘作者:柳 军

深圳市建筑设计研究总院有限公司昆明分公司

手绘地点:昆明

云南海埂会堂

手绘作者:张 军

昆明洲际酒店

手绘作者:张　军

云南大学

手绘地点:昆明

昆明洲际酒店

手绘作者:张 军

云南大学

手绘地点:昆明

野鸭湖假日小镇

手绘作者:张　军

云南大学

手绘地点:昆明

野鸭湖假日小镇

手绘作者:张 军

云南大学

手绘地点:昆明

云南大学呈贡校区明远楼

手绘作者:张　军

云南大学

手绘地点:昆明

小吉坡

手绘地点:昆明

手绘作者:施志苏

云南省设计院集团

官渡古塔速写

彝族土掌房

土掌房写生

新平
者拉望 96.10.26
会隘一带之土掌房印象

路南彝族民居速写

鲁园四方重檐楼

手绘作者:蒋 宏

昆明学院

手绘地点:昆明

云南陆军讲武堂

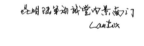

昆明陆军讲武堂内景南门
Lantex

云南陆军讲武堂
马敏涛·2017.8.11日

手绘作者：张晓洪（上）　马敏涛（下）

手绘地点：昆明　　　　　云南省城乡规划设计研究院

石屏会馆

手绘作者：杨志国

云南大学

手绘地点：昆明

云南大剧院

手绘地点:昆明

手绘作者:周　峻

同济大学建筑设计研究院(集团)有限公司

昆明世界园艺博览园·中国馆

昆明世界园艺博览园·中国馆
丁酉年玖月 刘青松

手绘作者:刘青松

云南省设计院集团

手绘地点:昆明

云南大学呈贡校区明远楼

云南大学呈贡校区活动中心

活动中心
2016.11.30. 冀生
云南大学呈贡校区
活动中心透景. 时年79.5岁.

昆明南站(高铁站)

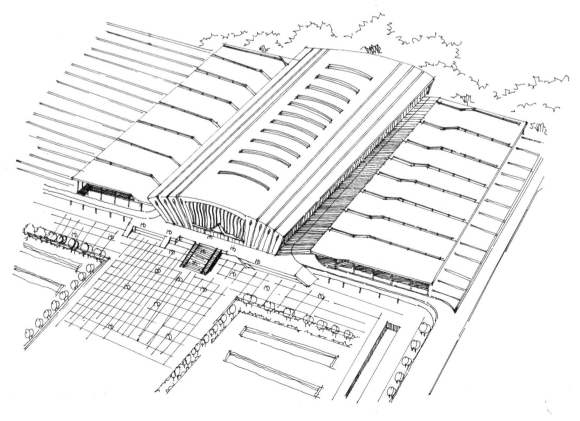

手绘作者:尹恩茂(上) 章 成(下)

手绘地点:昆明

中铁四院集团西南勘察设计有限公司

时代变迁

手绘作者：刘荣春

云南艺术学院文华学院

手绘地点：昆明

福林堂

时代广场

手绘作者：石海红

云南云大设计研究院有限公司

手绘地点：昆明

金刚塔

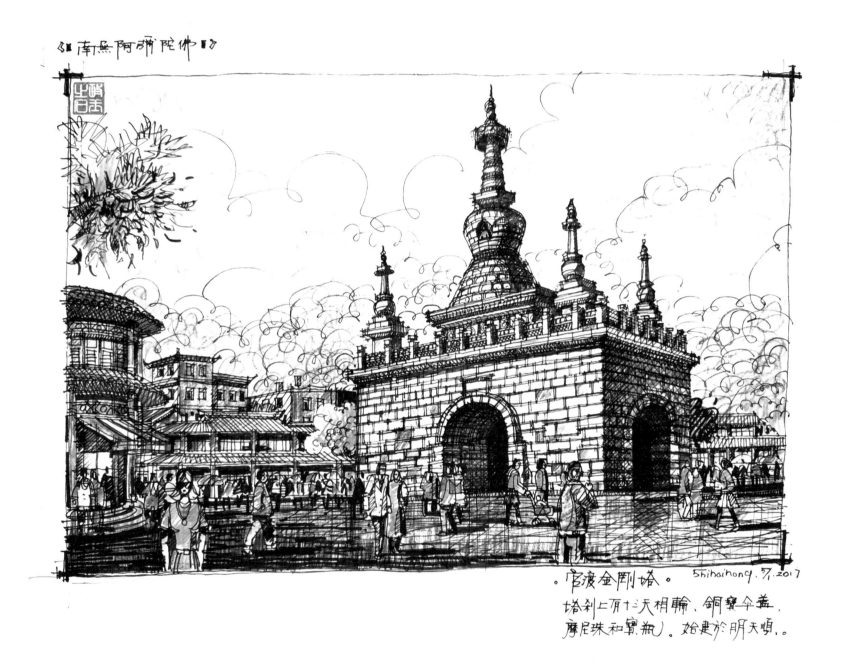

《南无阿弥陀佛》

官渡金刚塔。　Shihaihong. 7. 2017
塔刹上顶十三天相轮，铜宝伞盖，
摩尼珠和宝瓶，始建於明天顺。

手绘地点：昆明　　　　　　　云南云大设计研究院有限公司　　　手绘作者：石海红

云电阳光

手绘作者：石海红

云南云大设计研究院有限公司

手绘地点：昆明

一颗印建筑群

手绘作者:高璐文

手绘地点:昆明   西南林业大学

昆明老街

手绘作者:杨　斌　　　　云南省城乡规划设计研究院　　　　　　　　　　　　　　　　　　　　手绘地点:昆明

园博花鸟市场

园博花鸟市场 2008.6.28

手绘作者：王振华

手绘地点：昆明

昆明理工大学设计研究院

昆明故城

手绘作者：王振华

昆明理工大学设计研究院

手绘地点：昆明

昆明故城

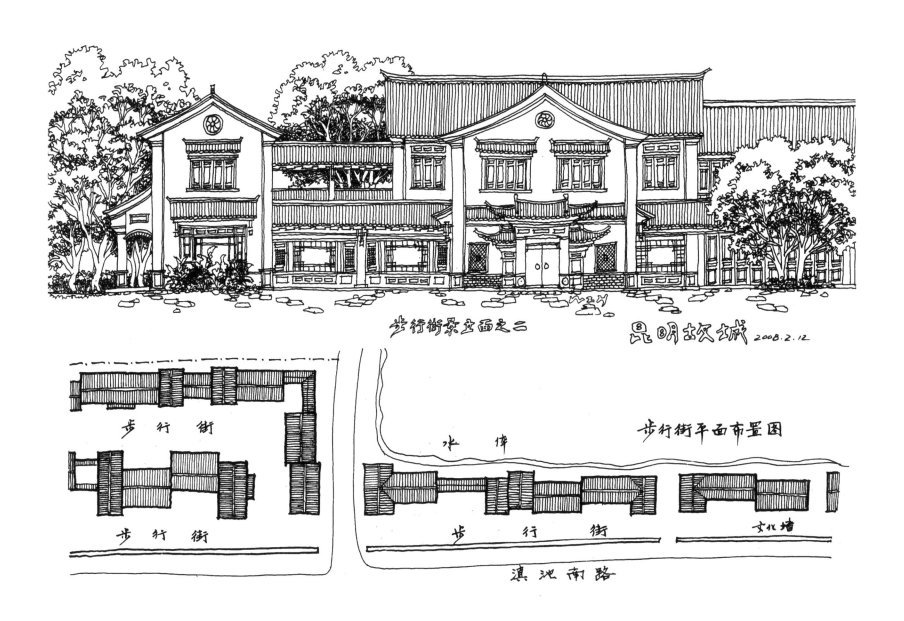

步行街景立面之二　　　　　昆明故城 2008.2.12

步行街　　　　　　步行街平面布置图

步行街　　　　　水体

步行街　　文化墙

滇池南路

黑龙潭定风塔

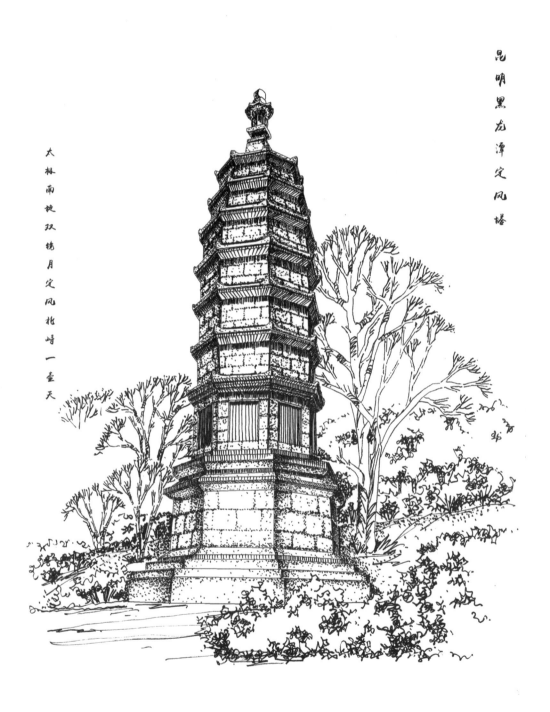

太极南坡双镜月定风北峙一壶天

昆明黑龙潭定风塔

大德寺双塔和西寺塔

昆明大德寺双塔

古寺藏螺牛
千重两浮图
城市几劫灰
出寺五华外
佛受乱山拜
立峰不坏

昆明慧光寺塔

城雨双塔高嵯峨
城北千山如涌波

大德寺双塔

西寺塔（慧光寺塔）

手绘作者：严俊华

手绘地点：昆明

自由职业

滇忆·消逝的村落

手绘作者:马琳佳

昆明市第八中学

手绘地点:昆明

滇忆·荒弃的山村

手绘作者:马琳佳

手绘地点:昆明　　　　　　　　　　　　　　　　　　昆明市第八中学

滇忆 · 故迹

滇忆·恬谧

滇池渔村

手绘作者：陈梵谛

云南工程勘察设计院有限公司

手绘地点：昆明

角落里的往昔

手绘作者:陈梵谛

手绘地点:昆明

云南工程勘察设计院有限公司

小巷

手绘作者:陈梵谛

云南工程勘察设计院有限公司

手绘地点:昆明

老宅

翠湖小道

手绘作者:陈梵谛

云南工程勘察设计院有限公司

手绘地点:昆明

乐居村小巷

手绘作者：金彤彤

梦固庄园

手绘作者:杨森晖

泛华集团昆明分公司

手绘地点:昆明

石林大糯黑的寨子

手绘作者：宋　坚

手绘地点：昆明　　　　　　　　　　　　　　　　　　　　　　　　昆明学院

石林大糯黑的农舍

手绘作者：宋　坚

昆明学院

手绘地点：昆明

博雅天门

手绘作者：宋 坚

昆明学院

手绘地点：昆明

昆明学院一角

手绘作者:宋　坚

昆明学院

手绘地点:昆明

安宁的老村子

手绘作者：宋 坚

昆明学院

手绘地点：昆明

校园群楼

手绘作者:宋 坚

昆明学院

手绘地点:昆明

社区商业设计

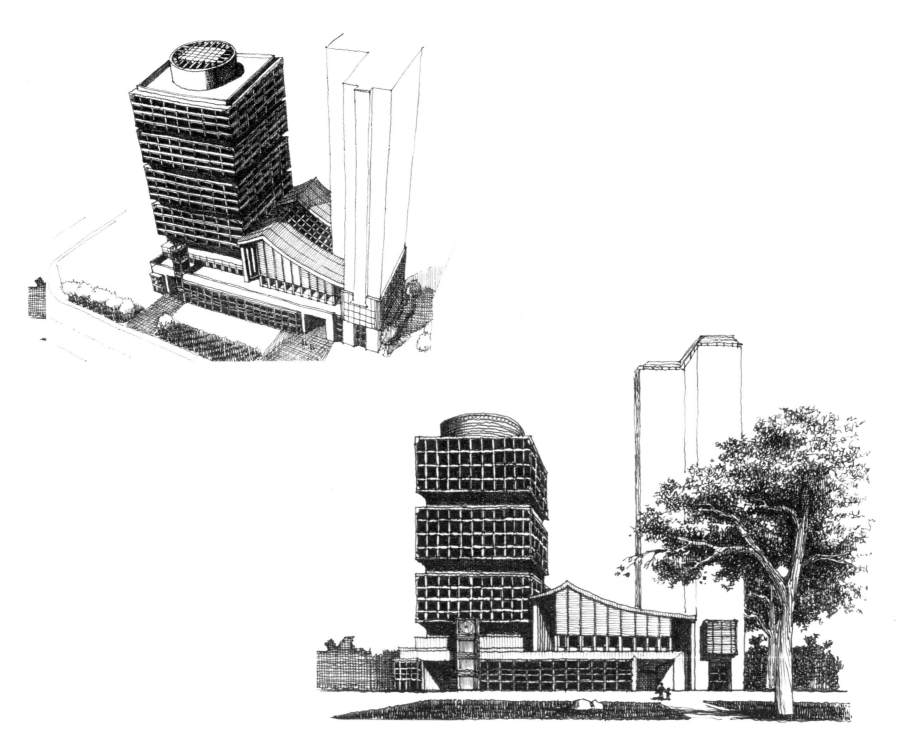

古寨神韵

手绘作者：王　磊　　　　昆明中信教育培训学校　　　　　　　　　　　　　　　　手绘地点：昆明

逝去的老街

手绘作者：王　磊

手绘地点：昆明　　　　　　　　　　　　　　　昆明中信教育培训学校

禄劝民居

糯黑人家

农家小院

昆明东三环拆迁工地

西南林业大学校园

手绘作者：王东焱

西南林业大学

手绘地点：昆明

街头巷尾

手绘作者：宋 韩

手绘地点：玉溪

云南省设计院集团

云南大学钟楼

手绘作者：戴　迪

昆明理工大学

手绘地点：昆明

昆明理工大学新迎校区专家楼

老宅

手绘作者:李金义

云南农业大学

手绘地点:昆明

城子古村速写

手绘作者:杜 澎

手绘地点:昆明   云南省设计院集团

建筑入口

手绘作者:杜 澎

云南省设计院集团

手绘地点:昆明

云大印象·会泽院门窗

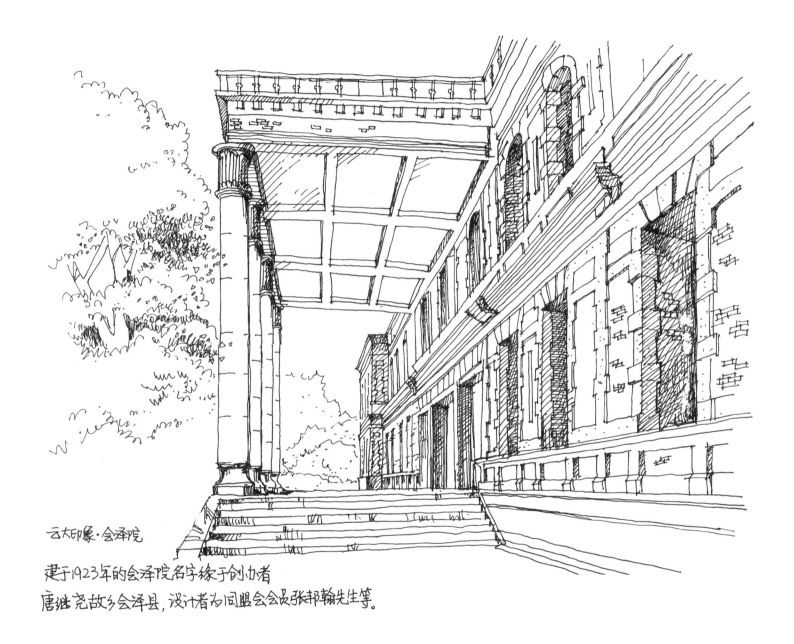

云大印象·会泽院

建于1923年的会泽院名字缘于创办者
唐继尧故乡会泽县，设计者为同盟会会员张邦翰先生等。

昆明传统民居

手绘作者:许 欣

云南大学

手绘地点:昆明

97

东川流水上筑设计

北欧旅游小镇

2013年.7.27

山寨新村

昆明滇池国际会展中心

手绘作者:张 剑

官房设计院

手绘地点:昆明

滇东、滇东北

望江楼

LJF · 2015.5
望江楼·昭通

手绘作者:梁锦峰

手绘地点:昭通　　　　　中国有色金属工业昆明勘察设计研究院有限公司

会泽白雾古村陈家大院

手绘作者:唐 文

昆明理工大学

手绘地点:曲靖

会泽江西会馆

老街遗角

手绘作者：樊雪莹

云南省建筑工程设计院

手绘地点：曲靖

曲靖市体育馆

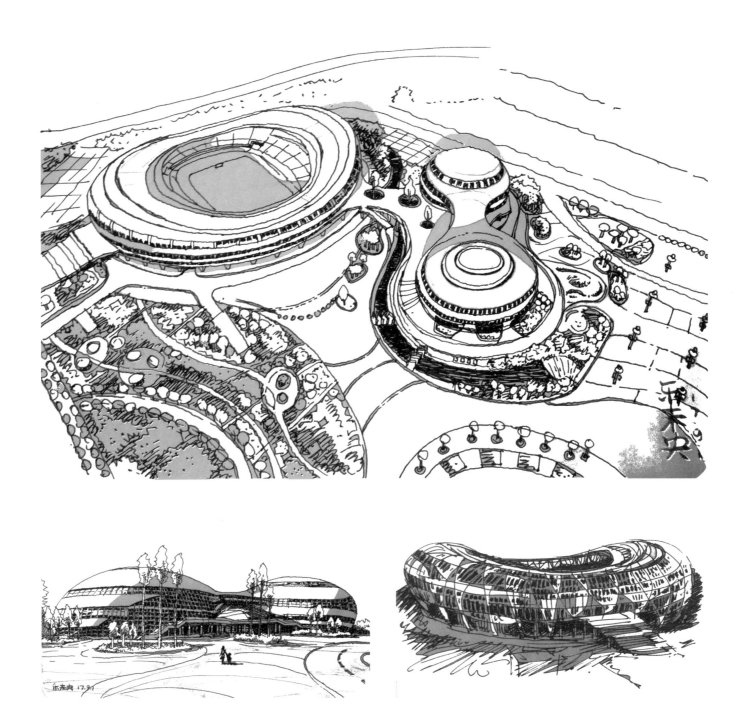

曲靖会堂

手绘作者：杨建斌

云南省设计院集团

手绘地点：曲靖

鲁甸龙头山中学

手绘作者:杨亚超（上）　贾崇俊（下）

曲靖西城公园1号设计

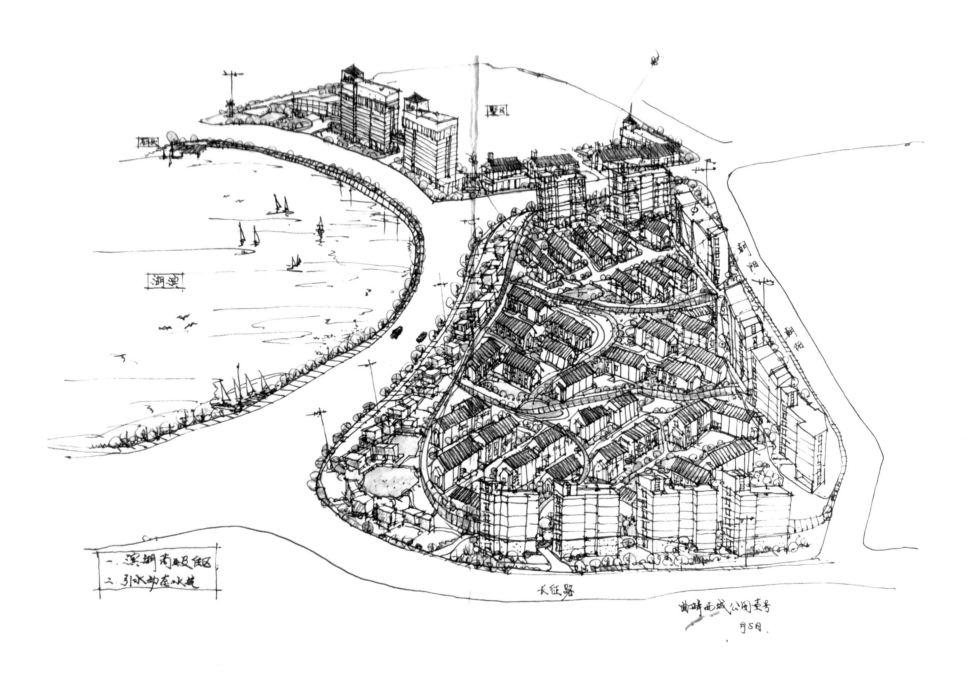

柳树闸村乡村改造工程设计

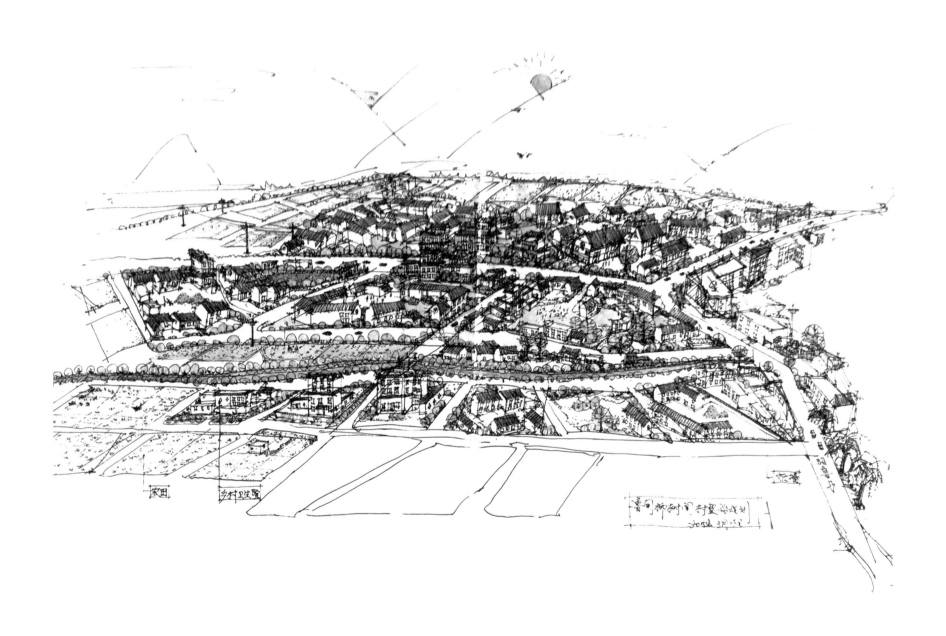

手绘地点：昭通　　　　　　　　　　　成都基准方中建筑设计有限公司昆明分公司　　　手绘作者：孙　兵

滇西、滇西北

大理古城

大理三塔

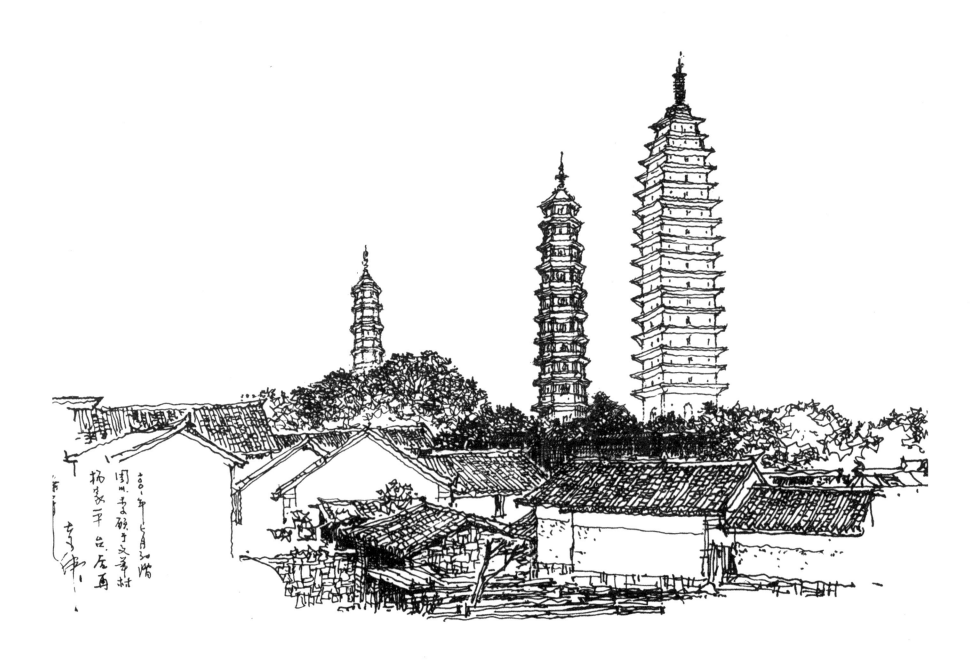

大理民居

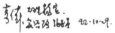

巍山星拱楼

手绘作者：顾奇伟

云南省城乡规划设计研究院

手绘地点：大理

巍山古城拱辰楼

手绘地点：大理

手绘作者：顾奇伟

云南省城乡规划设计研究院

剑川建阳楼

手绘作者：顾奇伟　　　云南省城乡规划设计研究院　　　手绘地点：大理

丽江木府重建设计

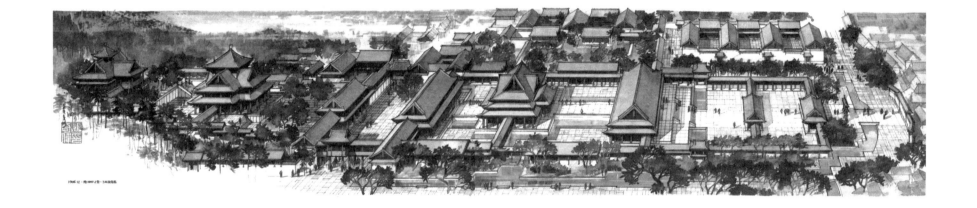

手绘作者:顾奇伟

手绘地点:丽江

云南省城乡规划设计研究院

古城三眼井

流水高墙上的群体

难得的三层楼民居

手绘作者：顾奇伟

云南省城乡规划设计研究院

手绘地点：丽江

古城小桥头

万梓桥头

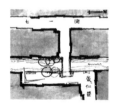

手绘作者：顾奇伟　　　　云南省城乡规划设计研究院　　　　手绘地点：丽江

青龙桥

巨石上的宝山石头城

手绘作者：顾奇伟

云南省城乡规划设计研究院

手绘地点：丽江

丽江老君山

手绘作者:顾奇伟

手绘地点:丽江   云南省城乡规划设计研究院

保山永昌文化中心

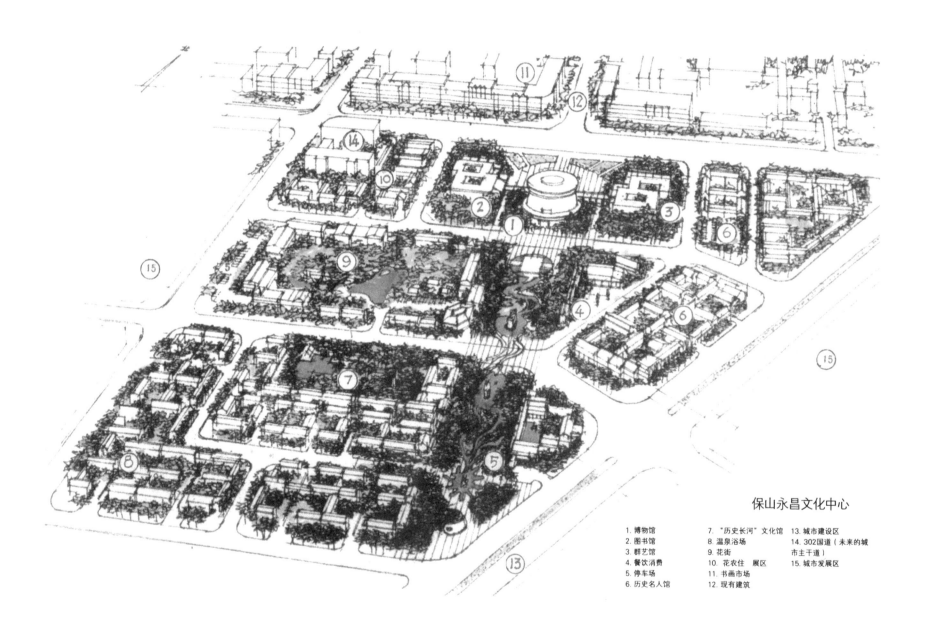

保山永昌文化中心

1. 博物馆　　　　7. "历史长河"文化馆　13. 城市建设区
2. 图书馆　　　　8. 温泉浴场　　　　14. 302国道（未来的城
3. 群艺馆　　　　9. 花街　　　　　　　　市主干道）
4. 餐饮消费　　10. 花农住　展区　　15. 城市发展区
5. 停车场　　　11. 书画市场
6. 历史名人馆　12. 现有建筑

手绘作者：顾奇伟

云南省城乡规划设计研究院

手绘地点：保山

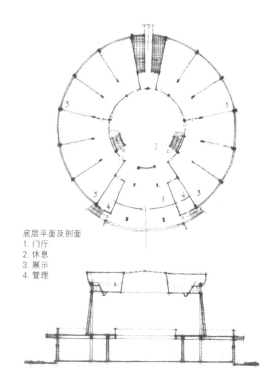

底层平面及剖面
1. 门厅
2. 休息
3. 展示
4. 管理

和顺乡

手绘作者：顾奇伟

云南省城乡规划设计研究院

手绘地点：保山

腾冲通济桥和成德桥

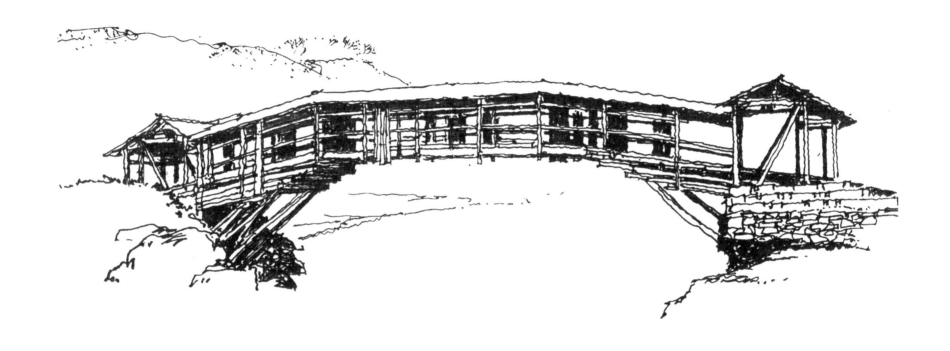

手绘地点:保山 　　　　云南省城乡规划设计研究院 　　　　手绘作者:顾奇伟

太极桥

手绘作者：顾奇伟

云南省城乡规划设计研究院

手绘地点：保山

潞江坝双虹桥

姐勒金塔

手绘作者：顾奇伟

云南省城乡规划设计研究院

手绘地点：德宏

喊沙佛寺

手绘地点：德宏

手绘作者：顾奇伟

云南省城乡规划设计研究院

137

楚雄福塔山

手绘作者：唐　文

昆明理工大学

手绘地点：楚雄

瑞丽江畔

手绘地点：德宏

手绘作者：唐　文

昆明理工大学

大理海心亭设计

观荷亭

手绘作者:杨大禹

昆明理工大学

手绘地点:大理

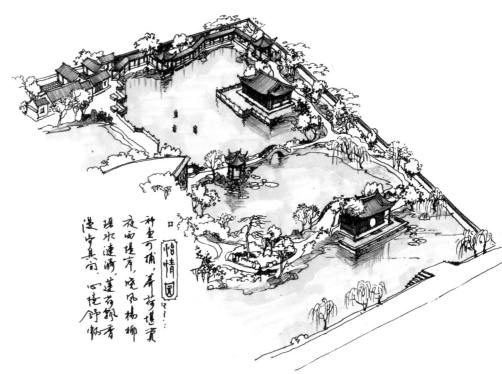

鸟瞰图

听雨轩

香格里拉建塘古镇

手绘作者:杨大禹

昆明理工大学

手绘地点:香格里拉

和顺图书馆

被誉为"此中国乡村文化
界堪称第一"的和顺图书馆

2007.10

手绘作者：杨大禹

手绘地点：保山

昆明理工大学

和顺汉族合院民居

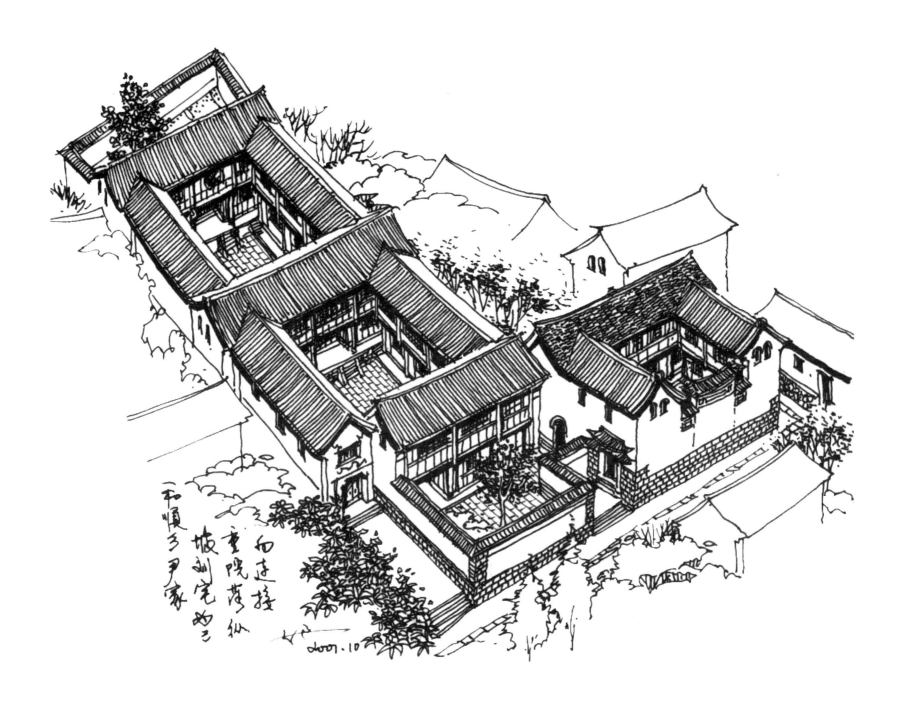

和顺乡尹家

石连接
重院落纵
坡州宅如三

2007.10

丽江古城入口

1998.11.19.
于丽江古城入口

手绘地点:丽江

手绘作者:王 冬

昆明理工大学

丽江大研古城七一街某客栈、酒吧改造设计

手绘作者：王 冬　　昆明理工大学　　　　　　　　　　　　　　　　手绘地点：丽江

丽江古城

1998.11.17. 于古城丽江

楚雄州文化活动中心方案设计

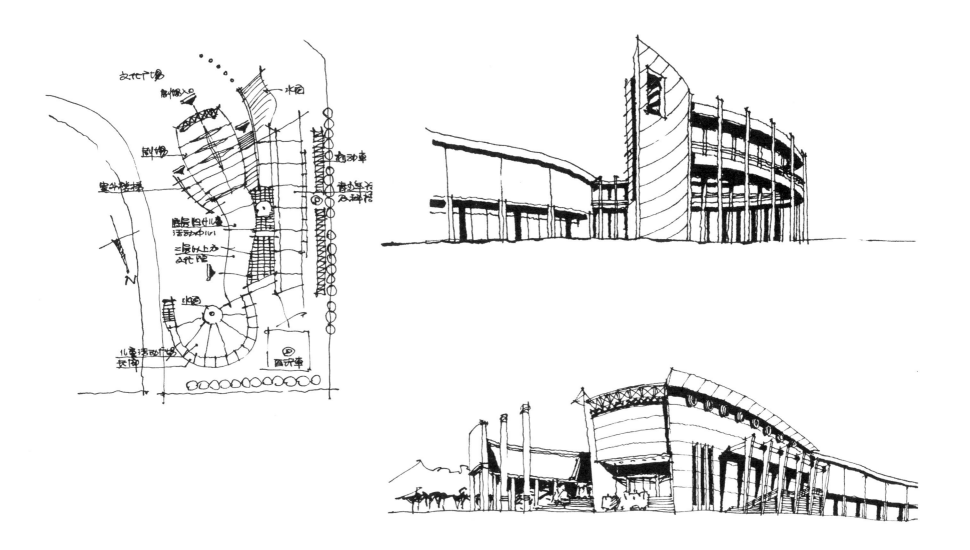

手绘作者：郭　伟

手绘地点：楚雄　　　　　　　　　　　　　　　　　　　　　　　昆明理工大学

大理喜洲街景

手绘作者：郭 伟

昆明理工大学

手绘地点：大理

大理喜洲四方街

手绘作者：郭　伟

手绘地点：大理

昆明理工大学

大理双廊民居小巷

手绘作者:郭 伟

昆明理工大学

手绘地点:大理

大理某工程构思设计

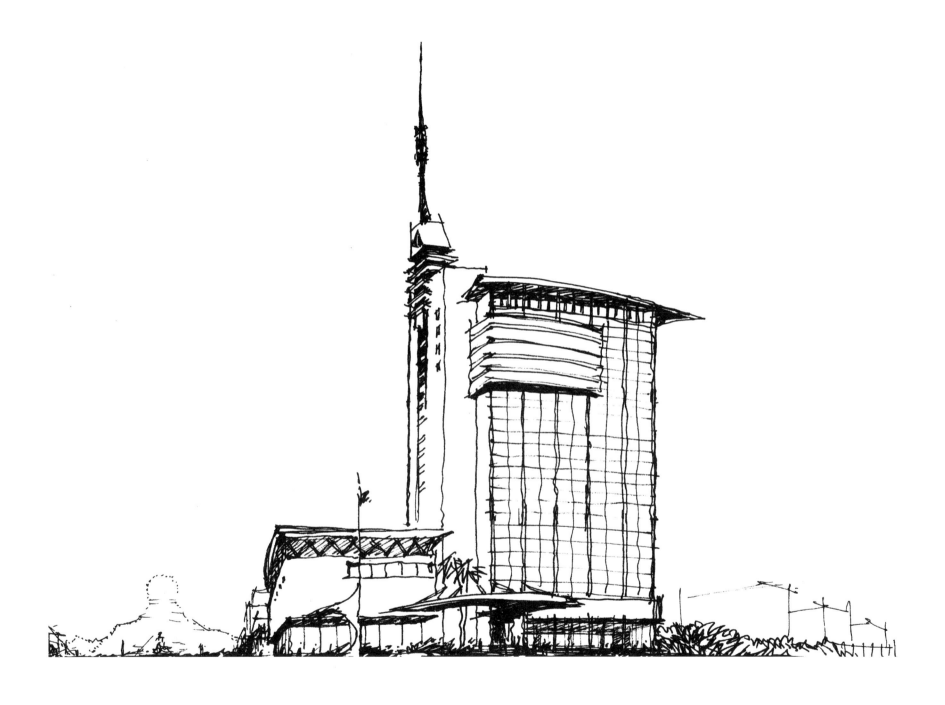

悦榕庄

手绘作者：罗文兵

云南省设计院集团

手绘地点：丽江

维西同乐村聚落和民居

同乐村
民居
2017.8.

维西同乐村
2017.8.

手绘作者：张　辉

手绘地点：迪庆

云南省城乡规划设计研究院

宝山石头城

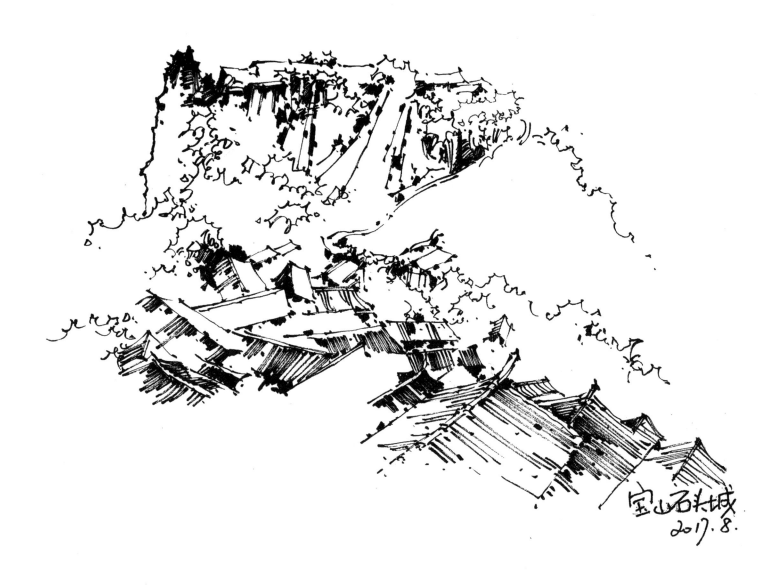

手绘作者:张　辉　　　　　云南省城乡规划设计研究院　　　　　　　手绘地点:丽江

独克宗古城

手绘作者:张晓洪

松赞林寺

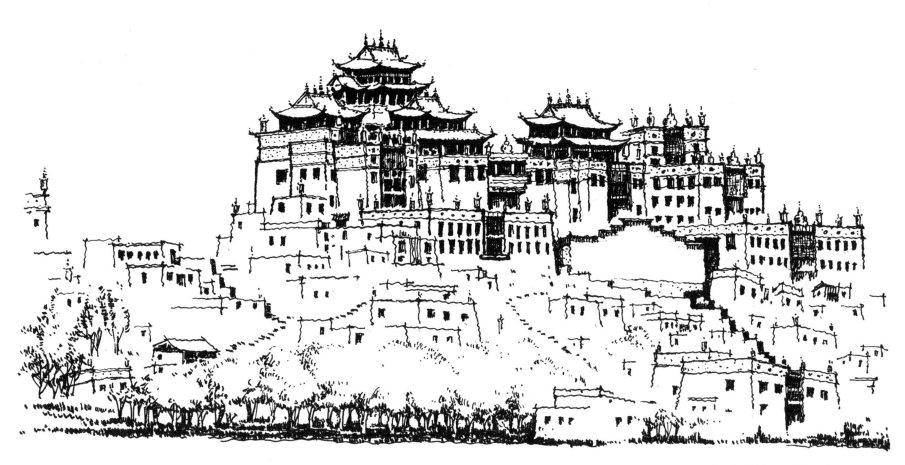

香格里拉 松赞林寺
LANFOX

手绘作者:张晓洪

云南省城乡规划设计研究院

手绘地点:迪庆

塔林

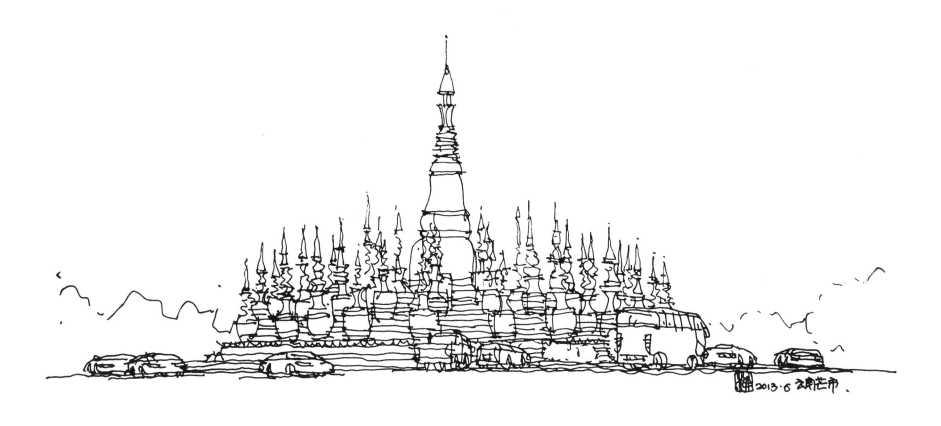

束河古镇

手绘作者:柳 军

深圳市建筑设计研究总院有限公司昆明分公司

手绘地点:丽江

泸沽湖边的民居

手绘地点:丽江 深圳市建筑设计研究总院有限公司昆明分公司 手绘作者:柳　军

沙溪古镇寺登街戏楼

LJF·2016·9

沙溪古镇

手绘作者:梁锦峰

中国有色金属工业昆明勘察设计研究院有限公司

手绘地点:大理

和顺古镇

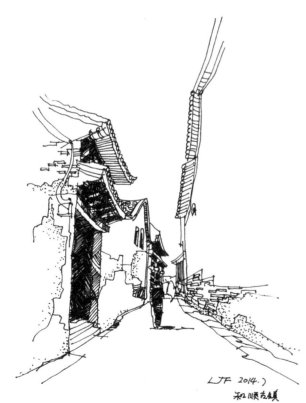

手绘地点:保山　　　　　　　　　　　中国有色金属工业昆明勘察设计研究院有限公司

手绘作者:梁锦峰

大理红龙井

手绘作者：张　军

云南大学

手绘地点：大理

大理红龙井

手绘作者：张 军

手绘地点：大理

云南大学

大理红龙井

手绘作者:张 军

云南大学

手绘地点:大理

大理梦云南·海东方设计

丽江解脱林休闲度假中心设计

手绘作者:张 军

云南大学

手绘地点:丽江

丽江英迪格酒店

丽江英迪格酒店

手绘作者:张　军　　　云南大学

手绘地点:丽江

丽江祥和商业步行街

世界恐龙谷

世界恐龙谷. 2017.9.27.

独龙江乡政府

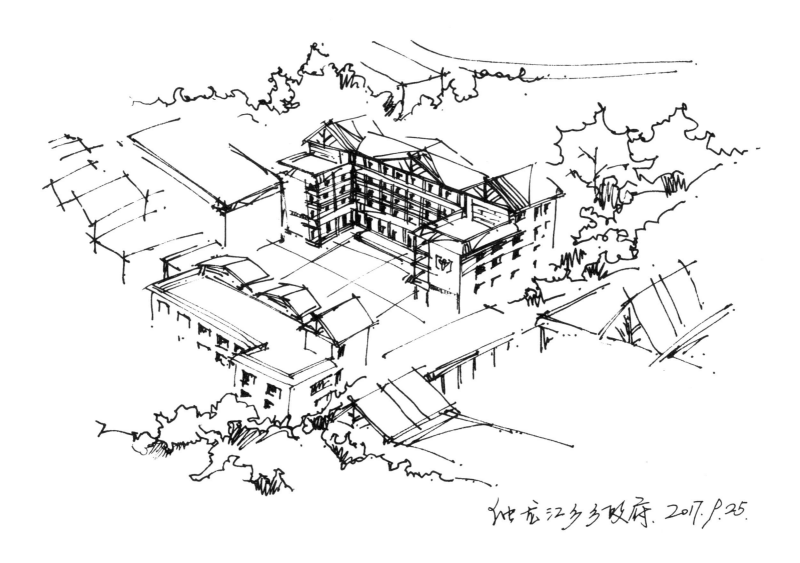

独龙江乡乡政府. 2017. P.25.

古城空巷

手绘作者:李　波

云南省城乡规划设计研究院

手绘地点:丽江

崇圣寺三塔

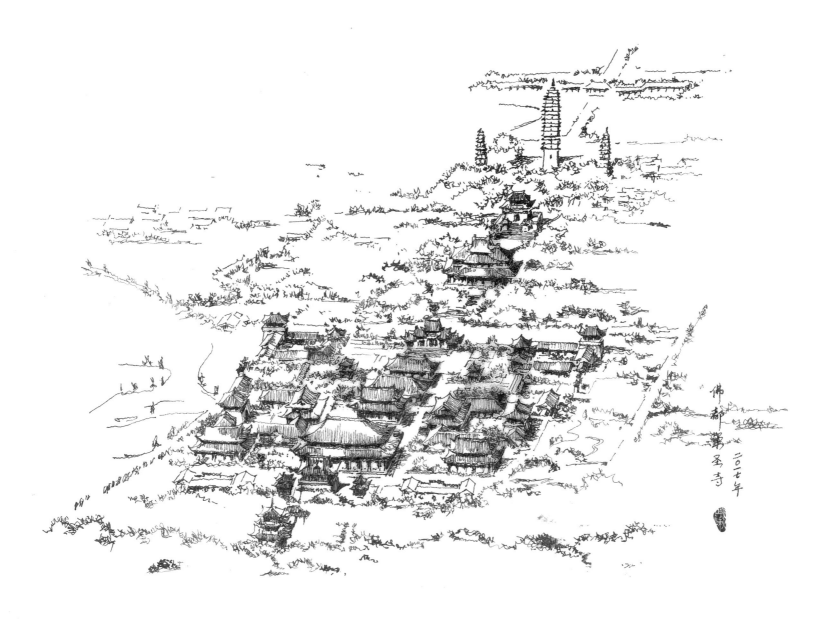

祥云古城鼓楼街貌

手绘作者:姜 畅

云南省城乡规划设计研究院

手绘地点:大理

巍山东莲花村清真寺

芒市大金塔大银塔

腾冲界头造纸博物馆

手绘作者:刘青松(上)　梁锦峰(下)

手绘地点:保山　　　　　　　　　　云南省设计院集团/中国有色金属工业昆明勘察设计研究院有限公司

巍山南诏王宫

手绘作者：刘青松

云南省设计院集团

手绘地点：大理

独克宗古城龟山公园

泸沽湖大门

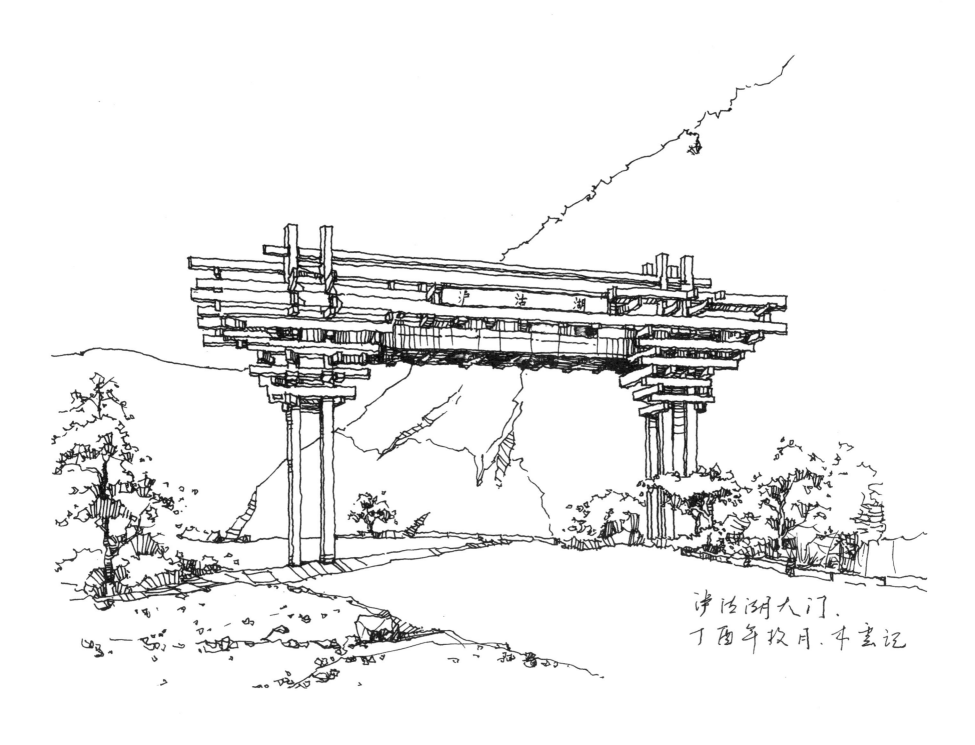

泸沽湖大门.
丁酉年牧月.千画记

喜洲白族民居

手绘作者：石海红

手绘地点：大理　　　　　　　　　　　　　　　　　云南云大设计研究院有限公司

大理沙溪古镇

手绘作者：石海红

云南云大设计研究院有限公司

手绘地点：大理

剑川文献名邦

剑川·文献名邦。

丽江某项目设计

瑞丽姐告城市设计

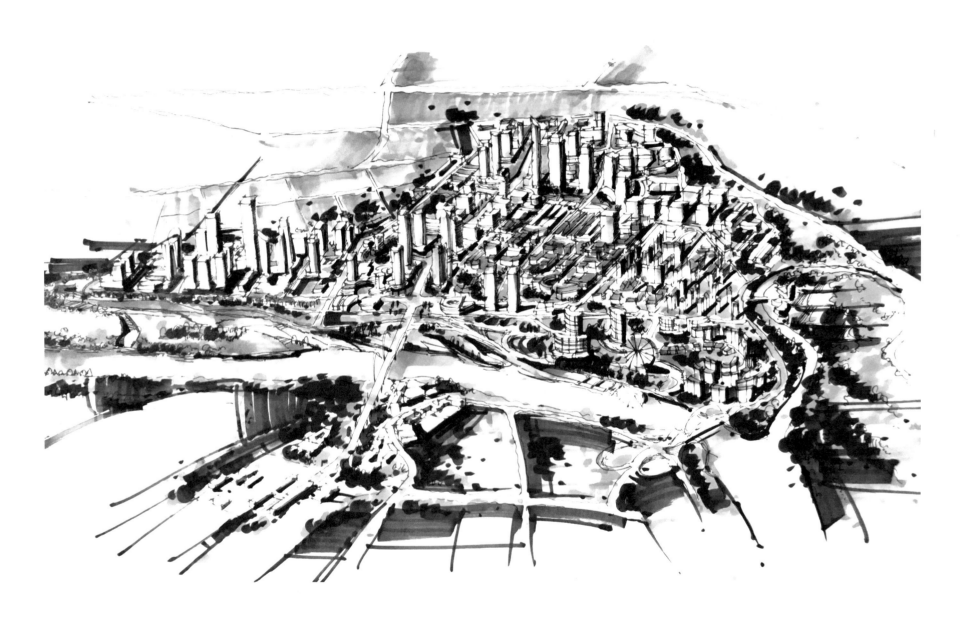

手绘作者：李 澄

手绘地点：德宏

云南省设计院集团

土掌房

土掌房村落

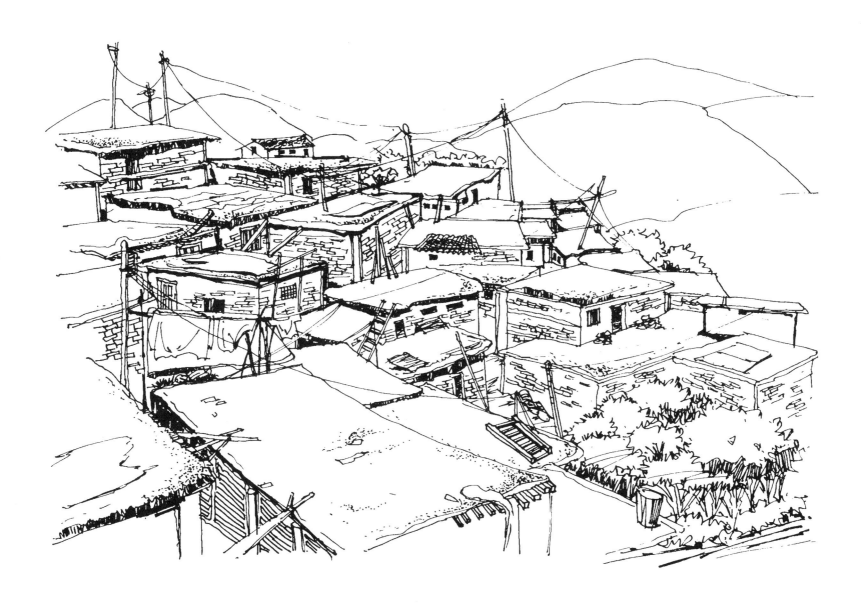

白族民居村落

手绘作者：肖杰丁

怒江州民族文化艺术研究所

手绘地点：大理

洱海渔村

洱海渔村"全楼篇"
96.10.1

洱海渔村

手绘作者:施志菥

巍山星拱楼

松赞林寺

香格里拉松赞林寺

香格里拉村落

院景

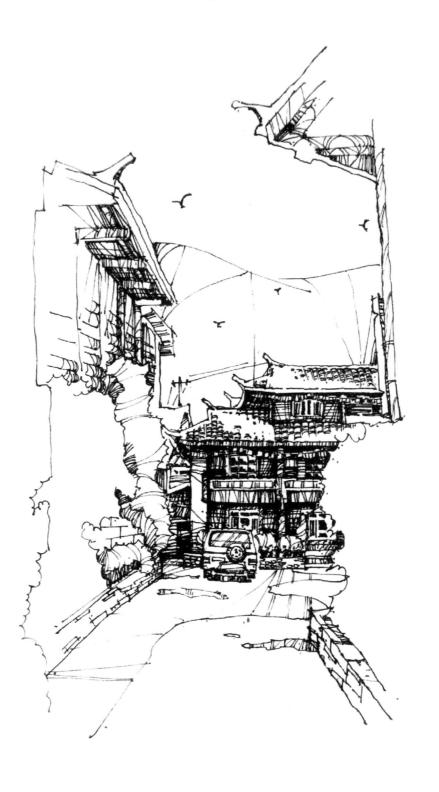

手绘作者:朱 平

成都基准方中建筑设计有限公司昆明分公司

手绘地点:丽江

景巷

丽江大研古城

丽江古城入口

束河古桥

手绘作者:刘荣春

云南艺术学院文华学院

手绘地点:丽江

丽江祥和行政区行政办公大楼全景

高原人家

手绘作者：杨 龙

云南文化艺术职业学院

手绘地点：迪庆

和顺印象

和顺印象 1

和顺印象 3

手绘作者：杨森晖

和顺街景

手绘作者：杨森晖

泛华集团昆明分公司

手绘地点：保山

瑞丽印象

瑞丽印象 1.

手绘作者:杨森晖

手绘地点:德宏 　　　　　　　　泛华集团昆明分公司

瑞丽印象

手绘作者:杨森晖

泛华集团昆明分公司

手绘地点:德宏

瑞丽印象

瑞丽印象 3

楚雄黑井的大院子

远眺丽江古城

手绘作者：宋　坚

手绘地点：丽江

昆明学院

丽江古城小景

手绘作者：宋　坚

昆明学院

手绘地点：丽江

夕照诺邓

手绘地点：大理

手绘作者：王 磊

昆明中信教育培训学校

民居一角

手绘作者:杨 斌

云南省城乡规划设计研究院

手绘地点:大理

沙溪印象

手绘作者：马　娜

手绘地点：大理　　　　　　　　　　　　　　　　西南林业大学

古镇·门

古镇·街

手绘作者:陈梵谛

手绘地点:大理   云南工程勘察设计院有限公司

巍山古城小巷

手绘作者：王东焱

西南林业大学

手绘地点：大理

丽江古城大水车

滇忆·古镇夕阳

手绘作者:马琳佳

昆明市第八中学

手绘地点:丽江

梦回古城

古城小巷

手绘作者：撒金兴

云南农业大学

手绘地点：丽江

丽江古城街景

山深藏古寺

手绘作者：赵国玉

云南农业大学

手绘地点：保山

德钦施坝村设计

手绘作者:孙 兵

手绘地点:迪庆　　　　　　　　　　　　　　　成都基准方中建筑设计有限公司昆明分公司

临水商铺设计

手绘作者:高成翔

云南省建筑工程设计院

手绘地点:怒江

滇南、滇西南、滇东南

风雨桥

双龙桥　天缘桥

手绘作者：顾奇伟

云南省城乡规划设计研究院

手绘地点：红河

泸西城子古村

弥勒小城

手绘作者：顾奇伟

云南省城乡规划设计研究院

手绘地点：红河

弥勒街景

迤萨古镇门楼

手绘作者：顾奇伟

云南省城乡规划设计研究院

手绘地点：红河

小佛寺

手绘作者：顾奇伟

手绘地点：西双版纳

云南省城乡规划设计研究院

景真八角亭

曼飞龙塔

手绘作者：顾奇伟

手绘地点：西双版纳　　　　　　　　　　　　　　　　　云南省城乡规划设计研究院

干栏民居拾零

手绘作者：顾奇伟

云南省城乡规划设计研究院

手绘地点：西双版纳

佛殿口

岁月斑驳·建水百年乡会桥老火车站

手绘作者:唐 文

昆明理工大学

手绘地点:红河

情系朱家花园

西盟佤族小院

手绘作者：唐 文

昆明理工大学

手绘地点：普洱

坝美之秋

手绘作者：唐 文

手绘地点：文山

昆明理工大学

澜沧雪林佤族民居

建水回新纳楼土司衙门

云南.建水.土司衙门.1992.8.29.

石屏一中校门

1996.8.12. 于红河州.石屏.石屏中校门.

手绘作者：王　冬

昆明理工大学

手绘地点：红河

石屏一中内景

1996.8.12.于石屏.石屏中校园

手绘作者:王 冬

手绘地点:红河

昆明理工大学

红河甲寅镇

1996.8.10于
红河州·红河县
甲寅镇

景洪基诺山寨

手绘作者:饶维纯

手绘地点:西双版纳

云南省设计院集团

普洱市新剧院

手绘作者：罗文兵

云南省设计院集团

手绘地点：普洱

泸西城子村

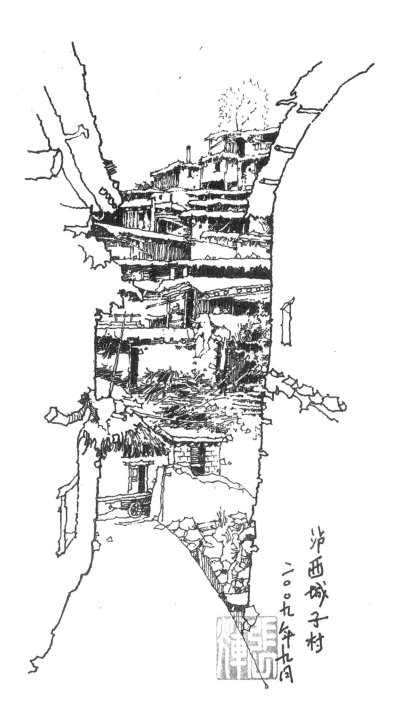

泸西城子村
二〇〇九年九月

迤萨古镇

红河县底牢红...
——娜家大院

普洱艺术家工作室院景

塔寺

手绘作者:柳　军

深圳市建筑设计研究总院有限公司昆明分公司

手绘地点:西双版纳

版纳街景

手绘作者:柳　军

手绘地点:西双版纳　　　　深圳市建筑设计研究总院有限公司昆明分公司

河口国门

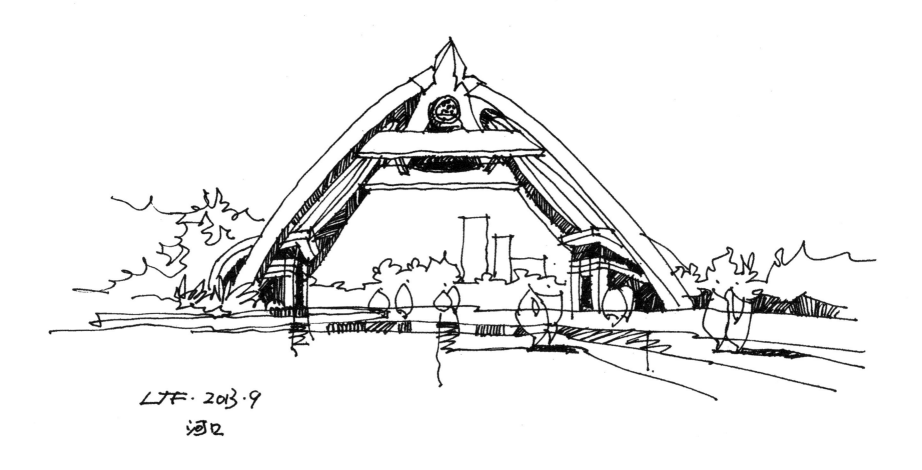

LJF · 2013.9
河口

手绘作者：梁锦峰

中国有色金属工业昆明勘察设计研究院有限公司

手绘地点：红河

告庄西双景

LJF·2014.9.
版纳·金塔

普者黑阿鲁白商业中心步行街设计

手绘作者:张　军

云南大学

手绘地点:文山

建水孔庙

手绘作者：姜 畅

手绘地点：红河　　　　　　　　　　　云南省城乡规划设计研究院

团山村大门

手绘作者:姜 畅

云南省城乡规划设计研究院

手绘地点:红河

泸西城子古村

手绘作者:刘青松

手绘地点:红河

云南省设计院集团

西盟街景

西盟街景·马敏涛
2017.10.10

手绘作者：马敏涛

云南省城乡规划设计研究院

手绘地点：普洱

西盟佤族村落

箐口风情

手绘作者：陆　莹

昆明理工大学

手绘地点：红河

滇忆·边陲山城

手绘作者：马琳佳

手绘地点：红河

昆明市第八中学

班改寺门

手绘作者：韩　菡

云南大学

手绘地点：普洱

芒洪八角塔

景迈山翁基布朗族古寨

普洱景迈山翁基布朗族古寨．属於昆．丁画．立夏．HH.

手绘作者：韩 菡
云南大学

手绘地点：普洱

翁基叶可家

翁基 叶可家 甲午 二月十五日 午.

手绘作者：韩 菡

手绘地点：普洱

云南大学

勐本佛塔

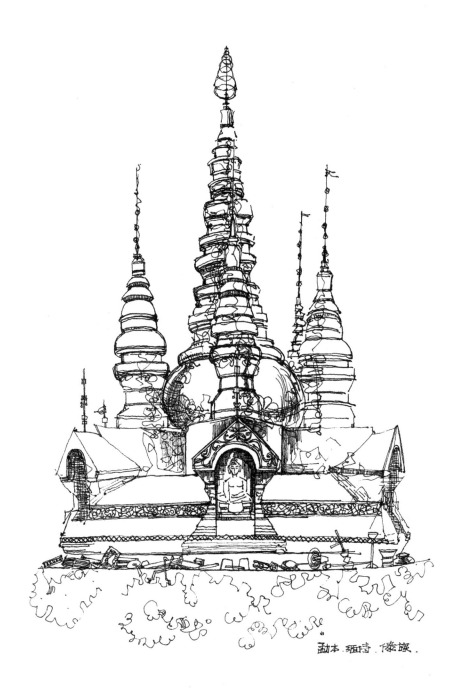

勐本.佛塔.傣族.

手绘作者：韩　菡

云南大学

手绘地点：普洱

版纳大佛寺鼓楼

基诺族民居

手绘作者:马若予

云南省设计院集团

手绘地点:西双版纳

哈尼人家

手绘作者：严 彬

手绘地点：西双版纳　　　　　　　　　　　　西双版纳傣族自治州建筑规划设计研究院

曼听记忆

手绘作者:严 彬

西双版纳傣族自治州建筑规划设计研究院

手绘地点:西双版纳

贺开古茶山曼迈老寨

僾尼山寨

手绘作者：刘荣春

云南艺术学院文华学院

手绘地点：西双版纳

西双版纳项目设计

西双版纳安厦雨林溪谷设计

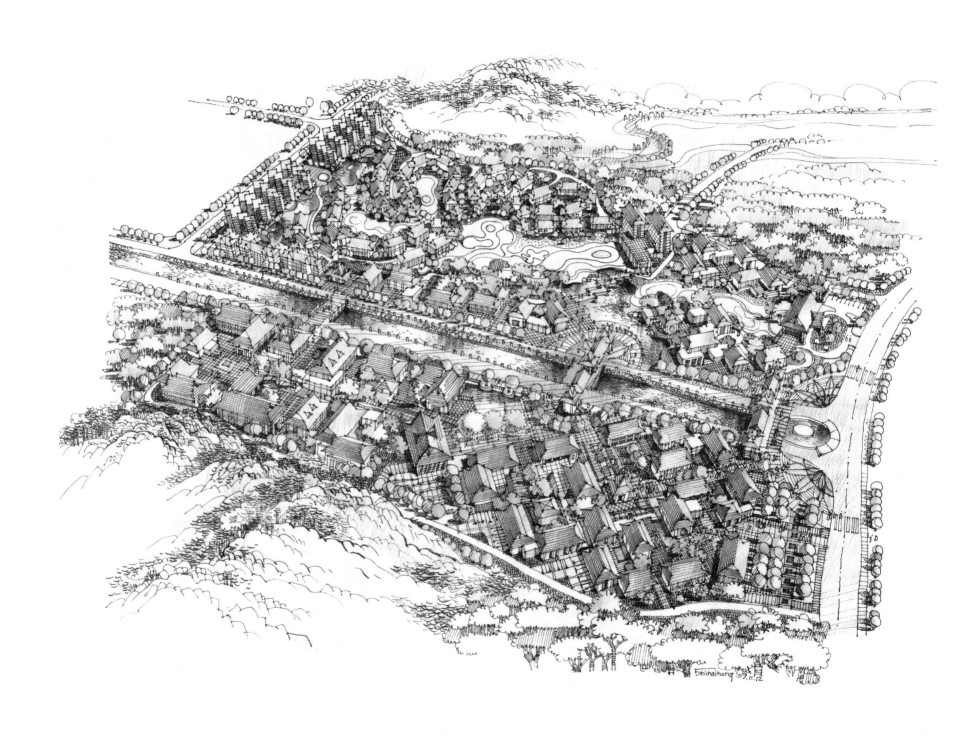

弥勒福地天街设计

手绘作者:石海红

滨水小筑

手绘作者：石海红

云南云大设计研究院有限公司

手绘地点：西双版纳

夏日古楼

2015.2.8
云南建水

傣家茅屋

云南建衣

团山民居一角

石屏老街

手绘作者:杨志国(上) 黄迎春(下)

手绘地点:红河

云南大学/云南农业大学

元阳酒店设计局部

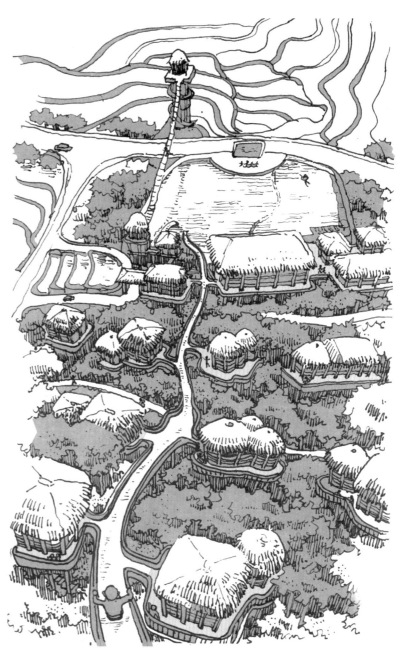

手绘作者:张 杰

云南省设计院集团

手绘地点:红河

街·市

巷·里

手绘作者:陈梵谛

云南工程勘察设计院有限公司

手绘地点:红河

小巷

佤族民居

茅屋

版纳佛寺

勐泐大佛寺

城寨部落

文山
城寨
白倮族的杆栏家

官房大酒店

红河官房大酒店

城子古村

手绘作者：高璐文

西南林业大学

手绘地点：红河

土掌房

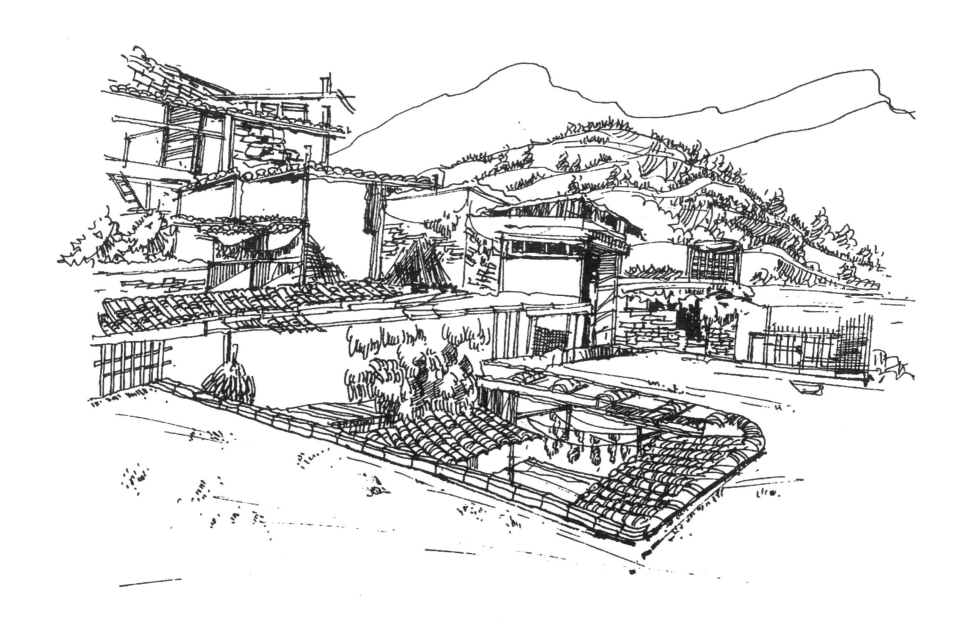

西盟佤族民居

西盟佤族民居 XY.
2017.4.20.

手绘作者:杨　渝

云南省住房和城乡建设厅

手绘地点:普洱